纺织艺术设计
TEXTILE DESIGN

2015 年第十五届全国纺织品设计大赛暨国际理论研讨会
15TH CHINA TEXTILE DESIGN COMPETITION & INTERNATIONAL CONFERENCE 2015

2015 年国际印花艺术设计大展——传承与创新
INTERNATIONAL PRINTING ART EXHIBITION—INHERITANCE & INNOVATION 2015

国际印花作品集
WORKS COLLECTION OF INTERNATIONAL PRINTING

张宝华　主编

清华大学美术学院

2015 年第十五届全国纺织品设计大赛暨国际理论研讨会组委会　编

中国建筑工业出版社

图书在版编目（CIP）数据

纺织艺术设计　2015年第十五届全国纺织品设计大赛暨国际理论研讨会　2015年国际印花艺术设计大展——传承与创新　国际印花作品集/张宝华主编；清华大学美术学院，2015年第十五届全国纺织品设计大赛暨国际理论研讨会组委会编．—北京：中国建筑工业出版社，2015.4
　ISBN 978-7-112-17923-7

　Ⅰ.①纺… Ⅱ.①张…②清…③2… Ⅲ.①纺织品-设计-国际学术会议-文集-汉、英②纺织品-印花-设计-作品集-世界　Ⅳ.①TS105.1-53②TS194.1

　中国版本图书馆CIP数据核字（2015）第050949号

责任编辑：吴　绫　李东禧
责任校对：刘梦然　刘　钰

纺织艺术设计
2015年第十五届全国纺织品设计大赛暨国际理论研讨会
2015年国际印花艺术设计大展——传承与创新
国际印花作品集
张宝华　主编
清华大学美术学院
2015年第十五届全国纺织品设计大赛暨国际理论研讨会组委会　编
*
中国建筑工业出版社出版、发行（北京西郊百万庄）
各地新华书店、建筑书店经销
北京嘉泰利德公司制版
北京顺诚彩色印刷有限公司印刷
*
开本：880×1230毫米　1/16　印张：7¼　字数：225千字
2015年4月第一版　2015年4月第一次印刷
定价：68.00元
ISBN 978-7-112-17923-7
　　　　（27163）

版权所有　翻印必究
如有印装质量问题，可寄本社退换
（邮政编码 100037）

卷首语

　　十五年，在纺织设计发展的历程中可谓是一瞬间。2015年是清华大学艺术与科学研究中心主办的"全国纺织品设计大赛暨国际理论研讨会"的第十五届，从2000年到2015年的十五年，在这个平台上，纺织艺术设计教育随着中国的政治、经济、文化的不断发展调整着自身的步伐，为国家培养着一届又一届的艺术设计人才。

　　2015年大赛及论坛汇集国内外多所高等院校的纺织设计作品以及印花艺术作品，大家在这个艺术设计教育的平台上交流探讨艺术与设计、传统与现代、设计与技术等在当今艺术设计教育领域的新发展。当今，跨学科、多领域协同合作的趋势不断影响着艺术设计教育的发展，国内高等院校的染织专业特色和艺术设计水平也在新的教育理念之下不断呈现和提高，纺织品设计大赛即致力于促进新形势下高校纺织艺术设计教育的交流。"印迹智慧"为本届大赛的研讨主题，印花艺术大展旨在通过"印"的语言方式让传统印花工艺与现代印花科技碰撞出智慧的火花。印花作为纺织技术不仅仅只是一种工艺手段，也是记录历史发展、审美历程和艺术创作的方式。

　　展出的作品反映了传统的印花技术与现代数码印花技术各自的独特方式，传统印花中的吉祥寓意体现出优秀传统文化艺术的精华，而现代印花数码技术使设计师天马行空般的创意瞬间得以实现，将艺术的魅力快捷引入现代生活的空间，印花艺术作品展现传统与现代造物的传承与创新。同时，与国内外顶级的纺织企业共同探讨未来纺织艺术设计的发展趋势，探讨企业设计文化、品牌构建与艺术设计教育的互动，推动纺织艺术设计创新人才的培养。

　　在人们的衣、食、住、行中，纺织艺术设计对提升我们的生活品质、愉悦我们的精神世界起着重要的作用。中国是一个纺织制造的大国，建设纺织强国，设计应有担当，也需要世界和我们教育工作者的不断探索与创新，让我们共同为"中国制造"转变为"中国智造"作出贡献。

清华大学美术学院院长

目录
CONTENTS

卷首语　清华大学美术学院院长　鲁晓波

2015年国际印花设计展作品　　　　International Printing Art Exhibition Works 2015

001	锦绣苗衣　陈志锋	029	在黑暗中苏醒过来——线与光　月与影　王丽敏、王冷
002	流动的线条　高强	030	安卡　Ankh　王丽敏、李清怡
003	Good Night, Nice Dream　Hiroko Kuboki	031	服饰面料设计　吴妍妍
004	众一生一相、嗔一犟一执　贾京生	032	春暖花开　面朝大海　薛艳
005	Mission-2015F　菅野　健一	033	Spring And Fall　Yamada Asao
006	Subtle　Kahfiati Kahdar	034	异犹未尽　杨静
007	Talks with the Invisible Thing　Katsuragawa miho	035	二月兰　杨建军
008	马勺脸谱丝巾图案设计　李惠	036	Time When Start to Bloom　Yuki Nagatomo
009	凝固　刘娜	037	The Nature, The Stroke　Yuwen Wang
010	箫远黎声　刘睿	038	水中折光　张宝华
011	山人　李迎军	039	游走　周晨
012	Isot Kivet (Big Stones)、Kaivo (Well)、Unikko 50th Anniversary (designed with Kristina Isola)、Unikko (Poppy)　Maija Isola	040	《印记》系列　张靖婕
		041	荷韵　张莉
013	Räsymatto (Rag Rug)、Siirtolapuutarha (Allotment)　Maija Louekari	042	《邂逅·前》系列　吴波
		043	《邂逅·后》系列　朱小珊
014	Train And Scenery　Makiko Ogosi	044	春　朱医乐
015	极简工艺　马彦霞	045	光彩　朱　軼姝
016	剪娘　潘璠	046	域　钟昭
017	花　桥本　圭也	047	花　安达
018	钒红·宋瓷　秦寄岗	048	山水　毕然
019	Ueno, Tokyo　Sato Nobuki	049	花与墨　刘亚
020	靠垫——《飞行1》《飞行2》　孙晓丽	050	童趣　马颖
021	深度　沈晓平	051	呼吸　徐静丹
022	吹雪（Snow Storm）　上原　利丸	052	Geometry　AN SO YUN
023	对话　田青、郑曙旸	053	The Viger Series "Spring"　Chang, Young-Ran
024	叶·殇　王斌	054	Untitled　Cho, Ye Ryung
025	蓝色的吉祥　张树新	055	Moment　Choo Kyungim
026	一年景——梅　王晨佳子	056	Spring of City　Han Hyesuk
027	蓝韵　王丽	057	Here or There　Hong, Kyounga
028	《缘起·∞》系列——1、2　王利	058	Yo Yo　HONG DONG HEE

059	Korea—Long Long Ago Jun Changho	076	墨之花 贾玺增
060	Illusion JUNG WOO YOUNG	077	Animal Encounters Laura Merz
061	Sweet Apple Kim, Jungsik	078	Rambutan Reeta Ek
062	Jewelry Garden Kwak, Seong-H	079	蝶恋花 石历丽
063	Drawing for Me Lee Younghee	080	Piilossa-Polku-Lumo (eng. Hiding-Path-Charm) Vilma Pellinen
064	Autumn Oh Myunghee	081	年轮 王霞
065	Red Flower Park, Young Ran	082	和·花 范思维
066	Motif with Korean Saekdong Color RYU, KUM-HEE	083	民风灰动 呼啸
067	Into the Woods Ryu Myungsook	084	老北京招幌丝巾 罗楠
068	应时、时尚包类 陈立	085	艺蕴嫣红 钮锟
069	方巾 焦宝娥	086	樱韵 钱茵
070	悠 李薇	087	Surreal World 王超斐
071	游离 王晶晶	088	韵染 王一婧
072	冥 张红娟	089	塬上人家 杨薇
073	书音 臧迎春、詹凯	090	俑 张笛清
074	北京印象 龚雪鸥	091	诗韵、星空 朱琼
075	晨 霍康、吴越齐	092	舞动的印花 朱紫羲

民间印花作品   Folk Printing Works

094	清代绿地彩色印花丝绸被面 北京采蓝文化投资咨询有限公司 中国中华文化促进会织染绣艺术中心 张琴提供	098	民国戏剧人物蓝夹缬棉布被面 北京采蓝文化投资咨询有限公司 中国中华文化促进会织染绣艺术中心 张琴提供
095	清末民初紫地印花丝绸马面裙 北京采蓝文化投资咨询有限公司 中国中华文化促进会织染绣艺术中心 张琴提供	099	印尼模具印制蜡染（1）
096	民国白地印花棉布包袱单 北京采蓝文化投资咨询有限公司 中国中华文化促进会织染绣艺术中心 张琴提供	100	印尼模具印制蜡染（2）
097	民国黄地印花棉布包袱单 北京采蓝文化投资咨询有限公司 中国中华文化促进会织染绣艺术中心 张琴提供	101	印尼模具印制蜡染（3）

历年大赛回顾

2015年国际印花设计展作品
International Printing Art Exhibition Works 2015

姓名：陈志锋
国籍：中国

简历：
湖南工艺美术职业学院服装系教师
2007年　毕业于北京服装学院纺织品艺术设计系，学士
2014年　毕业于北京服装学院纺织品艺术设计系，硕士研究生

作品名称：《锦绣苗衣》　材料：真丝　尺寸：90cm×90cm

姓名：高强
国籍：中国

简历：
西安美术学院服装系服装与服饰设计2教研室主任，中国职业装产业协会副主任委员。设计作品《"俑"动花开》、《泥塑花开》、《暖冬》、《相遇》、《"俑"动时尚》、《自由自在》曾荣获国际、国内服装设计大赛金、银、铜奖及优秀奖等多项奖励。

作品名称：《流动的线条》　　材料：丝缎、雪纺　尺寸：178cm×84cm

ARTIST NAME: Hiroko Kuboki
COUNTRY: Japan

CURRICULUM VITAE:
1983 Born in Chiba Prefecture
2009 M.F.A. in Crafts, Tokyo University of the Arts
2014 Assistant, Tokyo University of the Arts

ARTWORK TITLE: Good Night, Nice Dream   MATERIAL: cotton, dyestuff   SIZE: H152cm×W95cm

姓名：贾京生
国籍：中国

简历：
清华大学美术学院教授，教育部高校文科计算机教指委委员，中国家纺用品流行趋势研究员。著述十七部，论文近百篇，发表与参展作品数十幅，在研国家社科基金艺术学项目一项，获各类奖项二十余项。

作品名称：《众—生—相》《嗔—犟—执》 材料：棉布、蜡 尺寸：50cm×50cm

姓名：菅野　健一
国籍：日本

简历：
1950年　出生（日本横滨市）
1977年　东京艺术大学大学院美术研究科工艺系染织专业硕士毕业
1990-2012年　个展（日本御園画廊）
2006-2012年　Cherimoya 联展（日本）
2005-2012年　Textile in Future Expression(JTC)
2010年　Textile Connection (东京艺术大学)
2011-2013年　日越国际交流作品展
2013年　中日茶文化交流展
2014年　国际刺绣艺术设计大展
2014年　"从洛桑到北京"第八届国际纤维艺术双年展
现任　东京艺术大学美术学部教授

作品名称：Mission-2015F　材料：丝　尺寸：W210cm×H104cm

ARTIST NAME: Kahfiati Kahdar
COUNTRY: Indonesia

CURRICULUM VITAE:
2004-2009   Doctorate Programme
Design Department, Institute Technology Bandung. Dissertation: Adaptation Aesthetic on Lippa Bugis Pattern
2002-2003   Master Degree
London Institute, Saint Martins College of Art and Design, London, Textile Design for Futures. Dissertation: Consumer Lifestyle for The Upper-Middle Class Market
2001-2002   Post Graduate Diploma
London Institute, Saint Martins College of Art and Design, London, Textile Design for Future. Dissertation: Cross-cultural Indonesia and London
1994-1998   Bachelor of Art
Institute Technology Bandung (ITB), Indonesia, Faculty of Art and Design, Textile Design. Study Case: Embroidery Silk on Silk.Cum Laude/Distinction
Profession: Lecture and Head on Programme study. Textile Craft Department Institute Technology Bandung

ARTWORK TITLE: Subtle   MATERIAL: silk woven, silk organdy   SIZE: 45cm×50cm

ARTIST NAME: Katsuragawa miho
COUNTRY: Japan

CURRICULUM VITAE:
Biography
1979　Born in Tokyo, Japan;
2003　B.F.A. in Metal Carving, Department of Crafts, Tokyo University of the Arts;
2005　M.F.A. in Woodworking, Tokyo University of the Arts;
2008　Ph.D. Tokyo University of the Arts
Solo Exhibitions
2009　"Kimama ni Wagamama" (senju Arts Gallery, Tokyo)
2013　"Keshiki-wo-Matou" (Gallery hechi, Tokyo)
2014　"Haruiro-wo-Tsumini" (Gallery Kawakami, Tokyo)
Awards
2011　"Student Award" at The 50th Japan Craft Exhibition
2011　"Ataka Award" at Tokyo University of the Arts
2012　"U35 Award" at The 53th Japan Craft Exhibition
2014　"Golden Prize" at ALBION Award
2014　"Excellent Award" at 8th From Lausanne To Beijing FIBERART BIENNALE EXHIBITION

ARTWORK TITLE: Talks with the Invisible Thing　MATERIAL: silk organdy, dyestuff, pigment　SIZE: H65cm×W50cm

姓名：李惠
国籍：中国

简历：
湖北荆州人，2010年毕业于武汉纺织大学服装学院，获得硕士学位。现为西安美术学院服装系教师。

作品名称：《马勺脸谱丝巾图案设计》　**材料：**真丝　**尺寸：**50cm×50cm

姓名：刘娜
国籍：中国

简历：
天津美术学院实验艺术学院副教授，先后6次参加"'从洛桑到北京'——国际纤维艺术双年展"，获铜奖1次，优秀奖4次。曾参加"中国当代纤维艺术世界巡展"、"1895中国当代工艺美术系列大展　优秀作品展"。

作品名称：《凝固》　　材料：棉布　尺寸：100cm×100cm

姓名：刘睿
国籍：中国

简历：
2011年7月，毕业于北京服装学院，获服装设计文学学士学位；2014年1月，毕业于北京服装学院，获设计艺术学硕士学位。现任教于河南工程学院，服装设计专业教师。2013年10月美国"ARTS OF FASHION FOUNDATION"全球青年时装设计大赛优秀奖；2012年9月意大利"TOUCH THE FABRIC"全球新锐时装设计师大赛 金奖（第一位获得此项大奖的华人设计师）；2012年8月芭比—北服（BARBIE-BIFT）全球青年时装设计大赛金奖；2010年10月欧迪芬中华元素内衣时装设计大赛优秀奖；2010年6月第3届黛安芬全球触动创意时装大赛亚军；2010年4月第2届威丝曼针织时装设计大赛优秀奖；2010年3月真皮标志杯皮革时装设计大赛潜力奖。

作品名称：《箫远黎声》　材料：毛呢、丝绸　尺寸：160cm×30cm（5套）

姓名：李迎军
国籍：中国

简历：
清华大学美术学院服装设计专业副教授、法国高级时装协会学校访问学者、中国服装设计师协会学术委员会会员、北京服装学院设计艺术学在读博士。致力于"民族文化与时尚流行"的研究，《绿林英雄》、《线路地图》、《精武门》等设计作品多次荣获国际、全国专业设计比赛金、银奖及国家奖。

作品名称：《山人》 材料：棉、混纺面料 尺寸：80cm×80cm

ARTIST NAME: Maija Isola
COUNTRY: Finland

CURRICULUM VITAE:
Maija Isola (1927-2001) was a tremendously versatile and bold artist who designed many of Marimekko's most beloved patterns. Her career as a textile designer began in 1949 and lasted 38 years. Her body of work includes over 500 prints for Marimekko-a brilliant selection of patterns representing different themes and techniques. She interpreted the events of her era from her own unique perspective and foresaw future trends. She drew inspiration from traditional folk art, modern visual art, nature and her countless trips around the world.

ARTWORK TITLE: Isot Kivet (Big Stones)、Kaivo (Well)、Unikko 50th Anniversary (designed with Kristina Isola)、Unikko (Poppy)
MATERIAL: printed fabric   SIZE: none

ARTIST NAME: Maija Louekari
COUNTRY: Finland

CURRICULUM VITAE:
Maija Louekari (b. 1982) studied interior architecture and furniture design at the School of Arts, Design and Architecture at Aalto University in Helsinki, Finland. She began designing textile patterns in 2003 after winning a Marimekko design competition. Since then, she has designed new interior and clothing textile patterns for Marimekko each year. Maija Louekari also works as an illustrator. Her Siirtolapuutarha (Allotment), Räsymatto (Rag Rug) patterns have become new Marimekko classics. The patterns celebrate contemporary themes like sustainable living and the joy of working with your hands.

ARTWORK TITLE: Räsymatto (Rag Rug)、Siirtolapuutarha (Allotment)   MATERIAL: printed fabric   SIZE: none

ARTIST NAME: Makiko Ogosi
COUNTRY: Japan

CURRICULUM VITAE:
1972 Born in Yokohama, Japan
1994 B.A. in Dyeing Ccourse, Department of Design, Tokyo Zokei University
Present   Contract teacher at Yokohama College of Art and Design

ARTWORK TITLE: Train And Scenery   MATERIAL: silk   SIZE: H218cm×W64cm

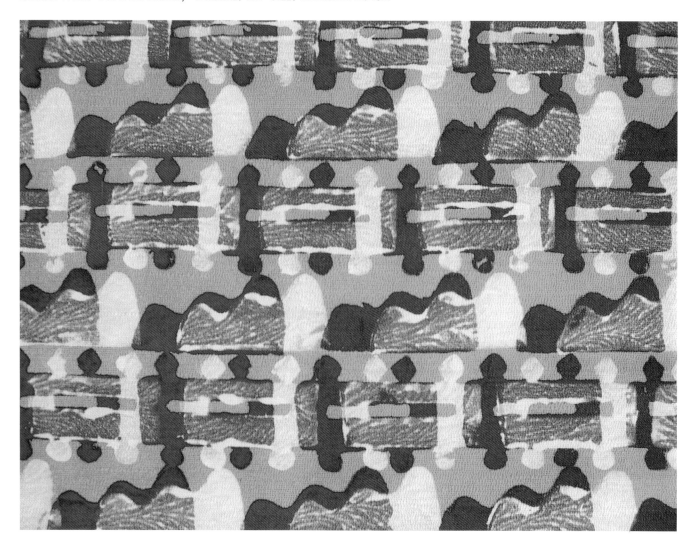

姓名：马彦霞
国籍：中国

简历：
天津美术学院服装染织系副教授，中国美术家协会天津分会会员，中国工艺美术学会会员，中国纤维艺术学会会员，作品多次参加国际大展并获奖，发表论文多篇。

作品名称：《极简工艺》　　材料：桑蚕丝　　尺寸：80cm×400cm

姓名：潘璠
国籍：中国

简历：
1998年毕业于西安美术学院工艺系，现任西安美院服装系副教授。编著教材用书《电脑艺术时装画》、《服装设计》；核心期刊发表论文十篇，担任2013年教育部人文社会科学研究青年基金项目负责人。

作品名称：《剪娘》　　材料：麂皮绒布　　尺寸：H180cm

姓名：桥本　圭也
国籍：日本

简历：
1973年　出生（日本福岛县）
2001年　东京艺术大学大学院美术研究科工艺系染织专业，硕士毕业
2004年　Voice of site Tokyo-CHICAGO-NEWYORK
2008年　工艺考CONTEMPLATING CRAFTS（日本）
2010年　个展Light/Shadow（东京都庭园美术馆）
2013-2014年　中日茶文化交流展
2014年　国际刺绣艺术设计大展
　　　　"从洛桑到北京"第八届国际纤维艺术双年展织——男三人展（东京浅草 MAKII MASARU FINE ARTS画廊）
现任　东京艺术大学美术学部讲师
　　　昭和女子大学生活科学部环境设计学科讲师

作品名称：花　材料：棉　尺寸：W100cm×H200cm

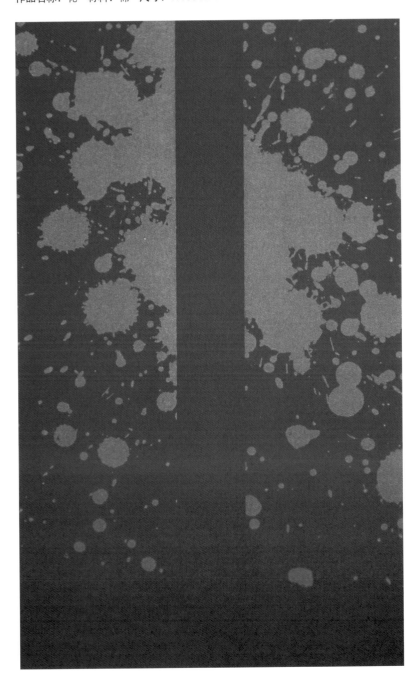

姓名：秦寄岗
国籍：中国

简历：
清华大学美术学院染织服装系副教授，从事专业教学与研究工作三十余年。

作品名称：《钒红·宋瓷》　材料：韩纸　尺寸：165/84

ARTIST NAME: Sato Nobuki
COUNTRY: Japan

CURRICULUM VITAE:
2014   Tokyo University of the Arts, M.A. Textile Arts

ARTWORK TITLE: Ueno, Tokyo   MATERIAL: cotton   SIZE: H300cm×W40cm×D0.1cm

姓名：孙晓丽
国籍：中国

简历：
1975年4月出生于山东省，2002年毕业于清华大学美术学院染织专业，获硕士学位，现任教于北京工业大学艺术设计学院工艺美术系。

作品名称：靠垫——《飞行1》《飞行2》　　**材料**：亮缎　**尺寸**：50cm×50cm

姓名：沈晓平
国籍：中国

简历：
天津美术学院产品设计学院染织艺术设计系教授
2007-2008年　新西兰尤尼泰克理工学院和奥克兰商学院访问学者及研修
2008年　作品参展"中日纤维艺术交流展"
2011年　作品参展"2011年国际拼布艺术展"
2012年　作品参展"2012年国际植物染艺术大展"
2013年　作品参展"2013年国际纹织艺术大展"
2014年　作品参展"2014年国际刺绣艺术大展"

作品名称：《深度》　材料：亚麻织物　尺寸：210cm×180cm

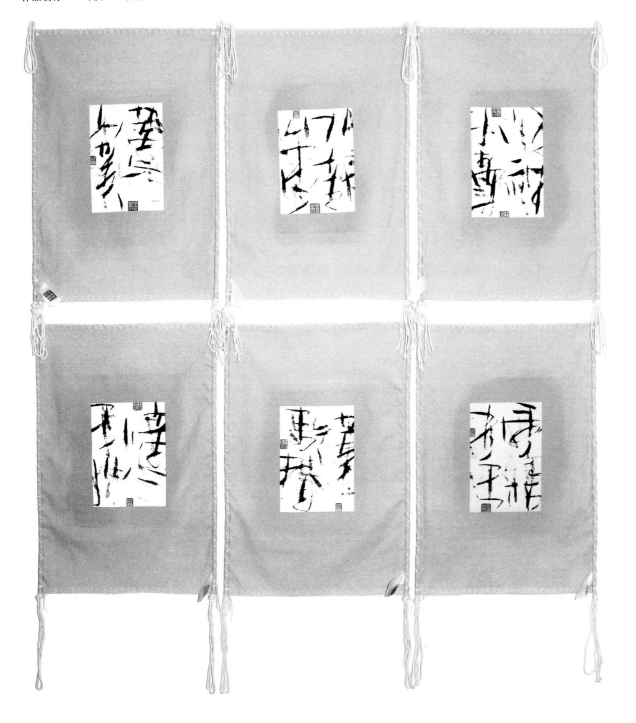

姓名：上原　利丸
国籍：日本

简历：
1955年　出生（日本鹿儿岛县）
1979年　丝绸博物馆20周年纪念特别展（获丝绸博物馆奖）
1981年　东京艺术大学大学院美术研究科工艺系织专业，硕士毕业
2001年　第40届日本现代工艺美术展（获NHK主席奖）
2004年　前进工艺展（日本田边市立美术馆）
2007年　第39届日展（获特选作品）
2012年　个展"利丸染色作品展"（银座／光画廊）
2013、2014年　中日茶文化交流展
2014年　国际刺绣艺术设计大展
2014年　"从洛桑到北京"第八届国际纤维艺术双年展
现任　东京艺术大学美术学部副教授
　　　现代工艺美术家协会会员

作品名称：吹雪(Snow Storm)　**材料**：丝、酸性染料　**尺寸**：W65cm×H225cm

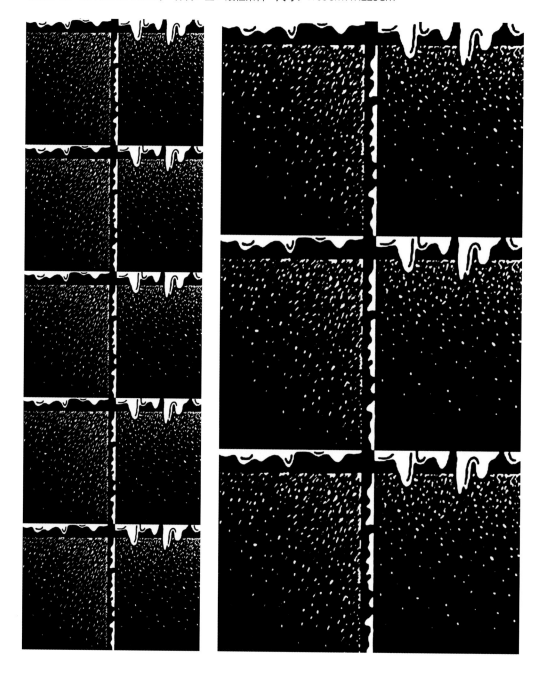

姓名：田青、郑曙旸
国籍：中国

简历：
清华大学美术学院教授，博士生导师
2014年　作品《蓝色生命》参展清华大学美术学院、东京艺术大学纤维艺术交流展
2014年　作品《植物染设计》参展持续之道国际可持续设计学术研讨会暨设计作品展
2014年　作品《五湖四海》、《蓝色韵律》参展世界生态纤维艺术展（WEFT）
2014年　作品《境》参展国际刺绣艺术设计大展——传承与创新
2014年　作品《影》参展日本宫古岛市博物馆·第十届亚洲纤维艺术展

作品名称：《对话》　　材料：毛、丝、棉、麻等　尺寸：460cm×460cm×174cm

姓名：王斌
国籍：中国

简历：
山东工艺美术学院教师，从事纤维与染织艺术设计的教学与研究工作。

作品名称：《叶·殇》　材料：棉、真丝、直接染料、酸性染料　尺寸：100cm×190cm

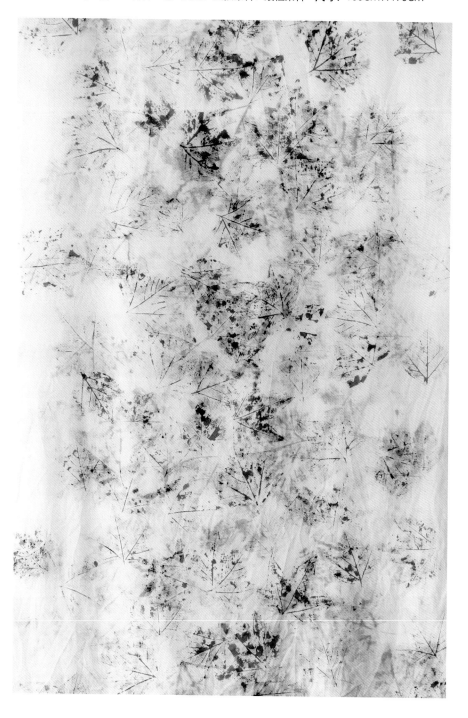

姓名：张树新
国籍：中国

简历：
清华大学美术学院染织系副教授、硕士生导师。北京工艺美术学会理事、中国工艺美术学会纤维艺术专业委员会理事。主要从事传统染织艺术研究、染织艺术设计与应用研究，其作品多次参加国内、外重要展览。

作品名称：《蓝色的吉祥》　材料：纯棉　尺寸：40cm×80cm

姓名：王晨佳子
国籍：中国

简历：
2007-2011年　就读于西安美术学院服装系
2011-2014年　攻读西安美术学院硕士研究生
2014年至今　就职于长治学院美术系

作品名称：《一年景——梅》　**材料**：羊毛　**尺寸**：180cm×50cm

姓名：王丽
国籍：中国

简历：
毕业于清华大学美术学院，现执教于北京服装学院。服装设计作品曾多次获得过国内、外设计奖项。作为主创设计师发布过"龙腾祥云"、"华彩意向——方·圆·盛"、"缬蓝唱婉"、"茶花"等中国概念系列服装设计作品。

作品名称：《蓝韵》　材料：真丝、蓝印花布　尺寸：围巾：90cm×180cm　尺寸：女装175/88，男装185/96

姓名：王利
国籍：中国

简历：
1957生于天津，天津美术家协会会员，天津工艺美术学会会员，天津美术家协会水彩画会会员，天津工业设计协会会员，天津美术学院服装染织设计系副教授、系主任。出版专著《印花面料设计》、《水粉风景》、《镜头中的态度体验》，并发表多篇专业学术论文。

作品名称：《缘起·∞》系列——1、2　材料：棉织物、染料　尺寸：60cm×78cm、60cm×82cm

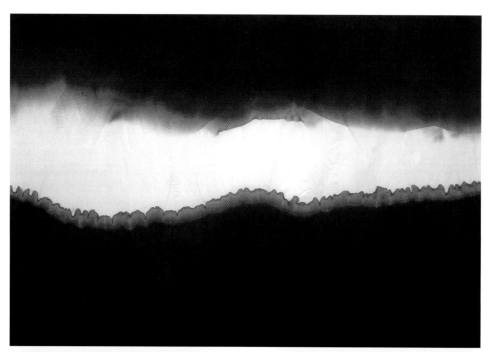

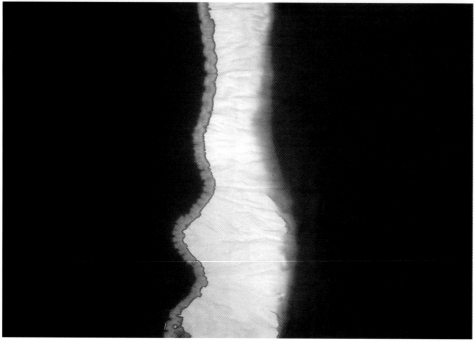

姓名：王丽敏
国籍：中国

简历：
出生于古都洛阳，工艺美术专业本科毕业，硕士学位，雀金绣传承人，洛阳雀金绣研究院院长，洛阳雀金绣文化创意有限公司董事长。其作品已被伊朗、土耳其、泰国等多国博物馆收藏。

姓名：王冷
国籍：中国

简历：
设计师，苏州大学硕士。曾在设计大赛中屡次获奖并受邀参加第七届亚洲色彩论坛。

作品名称：《在黑暗中苏醒过来——线与光　月与影》　材料：丝绸、桑蚕丝线、金线、染料　尺寸：80cm×100cm

姓名：王丽敏
国籍：中国

简历：
出生于古都洛阳，工艺美术专业本科毕业，硕士学位，雀金绣传承人，洛阳雀金绣研究院院长，洛阳雀金绣文化创意有限公司董事长。其作品已被伊朗、土耳其、泰国等多国博物馆收藏。

姓名：李清怡
国籍：中国

简历：
雀金绣研究院设计师。2014年设计作品《蝉》获得了中国·洛阳（国际）"三彩杯"第二届创意设计大赛"三彩杯"金奖。

作品名称：《安卡 Ankh》　**材料：**丝绸、布用颜料染料、桑蚕丝线、金线　**尺寸：**70cm×70cm

姓名：吴妍妍
国籍：中国

简历：
2003年毕业于日本文化女子大学大学院服装学专业并取得硕士学位。现任天津美术学院服装染织设计系讲师。服装设计作品《青花》获"奥运会颁奖礼仪服饰设计三等奖"，出版《点缀生活——女士着装艺术》、《颠覆时尚——20世纪街头流行服饰》、《亚文化时尚》等多部学术专著，并发表多篇学术论文。

作品名称：《服饰面料设计》　　材料：纤维面料、染料　　尺寸：80cm×60cm

姓名：薛艳
国籍：中国

简历：
1974年11月出生于中国天津市，现为天津美术学院产品设计学院染织系副教授。主要从事图案设计、色彩设计、纺织品面料设计的教学与研究工作。

作品名称：《春暖花开》《面朝大海》　材料：丝绸、棉布　尺寸：55cm×55cm

ARTIST NAME: Yamada Asao
COUNTRY: Japan

CURRICULUM VITAE:
EDUCATION:
2011   B.A. in Textile Arts, Okinawa Prefectural University of Arts
2014   M.F.A. student in Textile Arts, Department of Crafts, Tokyo University of the Arts
EXPERIENCE:
2013   The Hakone Open-air Museum

ARTWORK TITLE: Spring And Fall   MATERIAL: silk   SIZE: H300cm×W90cm

姓名：杨静
国籍：中国

简历：
清华大学艺术与设计实验教学中心副主任，染织服装设计系副教授。
研究方向为材料在服装中的应用与创新研究；艺术设计实验教学平台建设与管理。
担任教育部高等学校文科计算机基础教学指导分委员会委员，北京高校艺术教育研究会理事。高等教育出版社出版的个人专著《服装材料学》（高等教育"十一五"国家级规划教材）及湖北美术出版社出版的《服装材料学》、《计算机辅助设计》均荣获"清华大学优秀教材"评选二等奖。执行负责的"加强艺术与设计实验中心建设、创新艺术与设计实验教学模式"项目荣获2014年清华大学教学成果一等奖。

作品名称：《异犹未尽》　材料：涤纶丝缎　尺寸：120cm×120cm

姓名：杨建军
国籍：中国

简历：
清华大学美术学院（原中央工艺美术学院）染织服装艺术设计系副教授，主要从事传统装饰图案艺术和传统草木染工艺的教学与研究。

作品名称：《二月兰》 材料：棉 尺寸：1200cm×80cm

ARTIST NAME: Yuki Nagatomo
COUNTRY: Japan

CURRICULUM VITAE:
1991　Born in Japan, live in Kanagawa
2014　Tokyo University of the Arts, B.A. Textile Arts
2014　"Graduate Exhibition", Tokyo Metropolitan Art Museum, Tokyo
　　　　Received "Graduate Exhibition, Ataka Art Prize"
　　　　"NUNO art exhibition", Flew Gallery, Tokyo
　　　　"Textile Exhibition", Sweden House, Tokyo
2015　"The 54th Japan Crafts Exhibition" Tokyo Midtown Design Hub, Tokyo

ARTWORK TITLE: Time When Start to Bloom　MATERIAL: silk, dyestuff　SIZE: H230cm×W90cm (3 pieces)

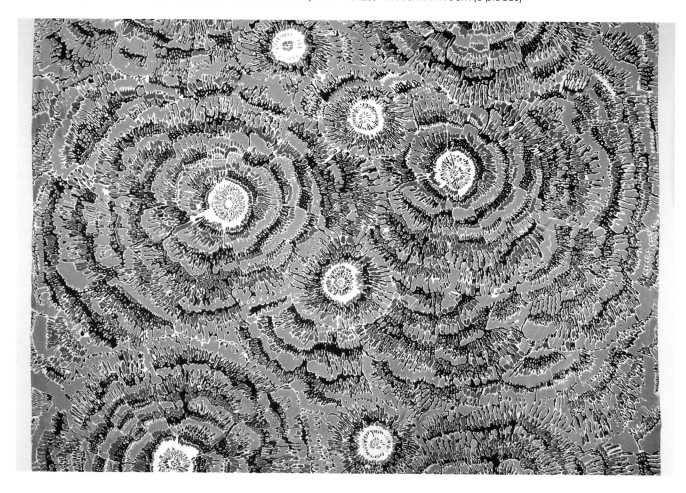

ARTIST NAME: Yuwen Wang
COUNTRY: China

CURRICULUM VITAE:
Yuwen Wang is a textiles artist based in Shenzhen, China. She studied textiles in Tsinghua University(Beijing) and Royal College of Art(London). She is specializing in textiles for interiors with main skill base in printed textiles and embroidery. Emphasizing in gestural mark making in color, material manipulation and handmade process, she recreated images from hand sketching with personality and a modern thinking.
This bespoken large scaled fabric takes her thinking of WHERE DO I COME FROM when she was in London. It is double-sided, transparent and interacting with lighting, which ideally function as curtains and panels.

ARTWORK TITLE: The Nature, The Stroke   MATERIAL: nylon   SIZE: panel, H300cm×W100cm

姓名：张宝华
国籍：中国

简历：
清华大学美术学院染织服装艺术设计系副主任、副教授、硕士生导师
1990年　毕业于中央工艺美术学院染织艺术设计专业，获学士学位
2003年　毕业于香港理工大学纺织品及服装设计专业，获硕士学位
中华全国工商业联合会纺织服装商会专家委员会委员；
中国室内装饰协会陈设艺术专业委员会副主任（2014-2016年）；
中国家用纺织品行业协会家纺艺术文化专业委员会委员；
中国流行色协会色彩教育委员会委员；
NCS(Natural Color System)中国地区特约色彩专家

作品名称：《水中折光》　材料：麻与化纤交织面料　尺寸：W140cm×H145cm

姓名：周晨
国籍：中国

简历：
1981年生，毕业于北京服装学院，现任教于山东工艺美术学院手工艺术学院。作品及论文多次发表于各种刊物。

作品名称：《游走》 材料：空气棉、植物染料、混合蜡 尺寸：50cm×150cm

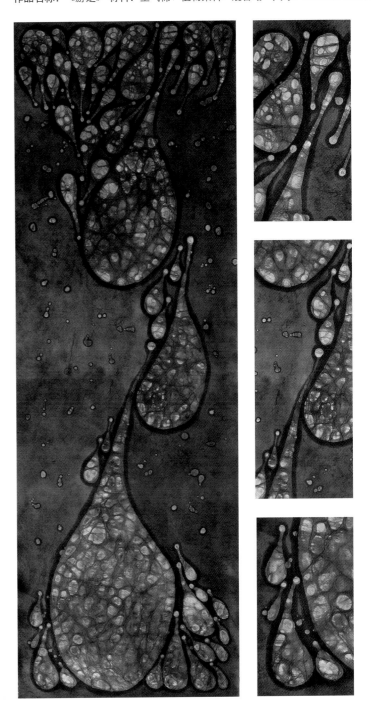

姓名：张靖婕
国籍：中国

简历：
任教于山东工艺美术学院，主要研究方向为染织艺术的材料与工艺。

作品名称：《印记》系列　材料：纤维面料　尺寸：60cm×150cm

姓名：张莉
国籍：中国

简历：

汉族，1957出生，西安美术学院服装系三级教授、硕士研究生导师。中国美术家协会服装艺术设计委员会委员，中国服装设计师协会理事、学术委员会执行委员，中国纺织服装教育协会理事，中国流行色协会理事，中国家纺协会理事，陕西美术家协会设计艺术专业委员会副主任，陕西服装行业协会学术委员会委员、常务理事、西安服装服饰协会理事，主要从事服饰文化艺术研究。

作品名称：《荷韵》　　材料：丝　尺寸：200cm×100cm

姓名：吴波
国籍：中国

简历：
清华大学美术学院副教授。
作品多次参加全国美展艺术设计展、联合国教科文组织"DESIGN 21"设计大展、艺术与科学国际作品展、亚洲纤维艺术展、国际纤维艺术双年展等中、外展览。在国内、国际赛事中获多项金、银奖，并荣获"国际最佳青年服装设计师"称号。

作品名称：《邂逅·前》系列　材料：毛毡、真丝绡　尺寸：160cm×70cm

姓名：朱小珊
国籍：中国

简历：
清华大学美术学院染织服装艺术设计系副教授。作品多次参加"全国美展艺术设计展"、"艺术与科学国际作品展"、"亚洲纤维艺术展"、"国际纤维艺术双年展"等中、外展览。曾发表、出版《纸上的游戏》、《衣服中的情感》、《服装设计基础》、《服装配饰剪裁教程》、《艺术设计赏析》、《服装工艺基础》等论文和教材。

作品名称：《邂逅·后》系列　材料：毛毡、真丝绡　尺寸：160cm×70cm

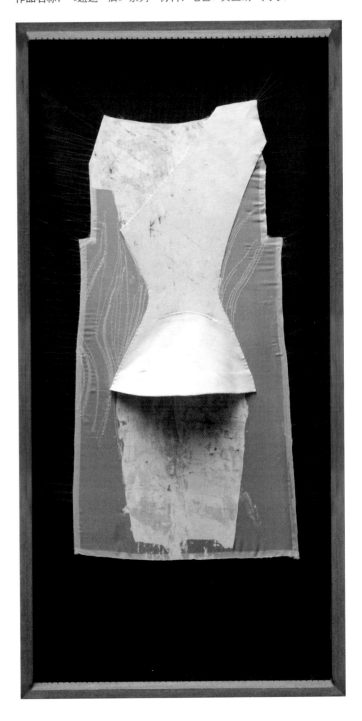

姓名：朱医乐
国籍：中国

简历：
天津美术学院服装染织系书记、副主任、副教授，中国美术家协会天津分会会员，中国工艺美术学会会员，中国纤维艺术学会理事。作品多次参加国际大展并获奖，发表论文多篇。

作品名称：《春》　材料：棉布　尺寸：80cm×150cm

姓名：朱 轶姝
国籍：日本

简历：
1977年　出生（北京）
2009年　东京艺术大学大学院美术研究科工艺系染织专业，博士毕业
2008年　第6届日中现代艺术作品交流展（入选，日本）
2012年　第22届日本全国染织作品展（获金奖，日本）
2014年　作品入选国际刺绣艺术设计大展（清华大学美术学院）
2014年　作品入选313×313 Dreaming ART（ROYAL PARK HOTEL THE HANEDA，日本）
2014年　清华大学美术学院、东京艺术大学纤维艺术作品展（清华大学美术学院）
2014年　"从洛桑到北京"第八届国际纤维艺术双年展
现任　东京艺术大学美术学部染织系助教

作品名称：光彩　**材料**：绵、合成纤维、皮　**尺寸**：W330mm×H380mm（5个）

姓名：钟昭
国籍：中国

简历：
2010年本科毕业于西安美术学院，毕业作品《大兵小将》获得全校优秀作品中的一等奖，并代表学校参加全国美术院校第一届"千里之行"展览，之后作品公开发表于多本杂志。2013年硕士研究生毕业于西安美术学院工艺美术系，毕业作品《乐园》系列获得一致好评，同年留校任教。

作品名称：《域》　材料：纸本、水彩　尺寸：25cm×30cm

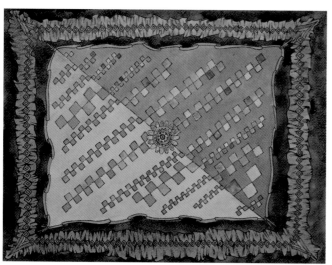
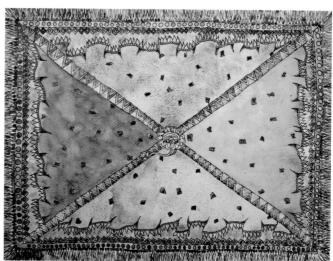

姓名：安达
国籍：中国

简历：
清华大学美术学院服装设计专业研究生二年级

作品名称：《花》　材料：亚麻　尺寸：70cm×48cm

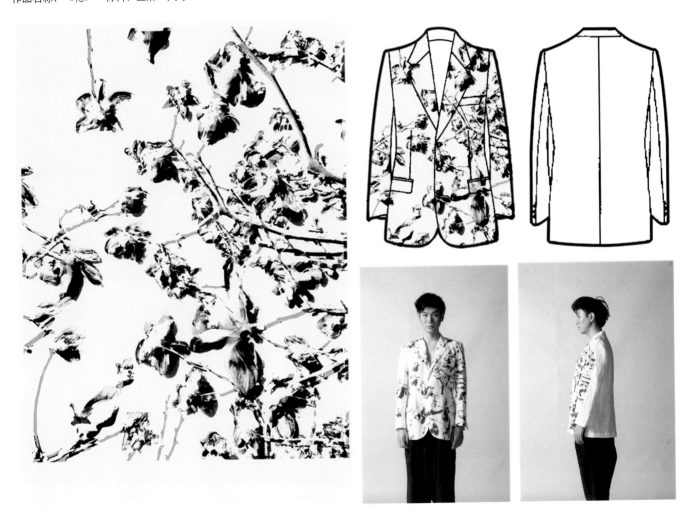

姓名：毕然
国籍：中国

简历：
2014年毕业于清华大学美术学院染织与服装设计系服装设计专业，现于清华大学美术学院攻读硕士学位。

作品名称：《山水》　材料：亚麻综合材料、胶印　尺寸：一套

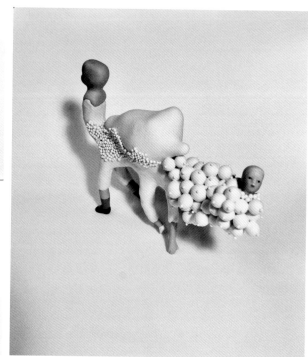

姓名：刘亚
国籍：中国

简历：
现为清华大学美术学院染服系硕士研究生在读，曾获得2013年国家励志奖学金、2014国家纺织部《纺织之光》奖学金，并获得2014年"传承与创新"全国纺织品设计大赛金奖、2014年"海宁杯"国际家用纺织品创意设计大赛金奖。

作品名称：《花与墨》　材料：化纤　尺寸：H175cm×B92cm×W80cm

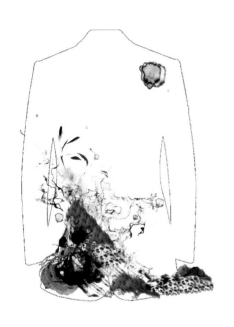

姓名：马颖
国籍：中国

简历：
清华大学美术学院染织系硕士。其创作作品多次参加国内、外展览和比赛，并获得金、银、优秀奖等多项大奖。

作品名称：《童趣》 材料：丝绸 尺寸：50cm×50cm

姓名：徐静丹
国籍：中国

简历：
清华大学美术学院染织系硕士

作品名称：《呼吸》　材料：羊毛　尺寸：90cm×120cm

ARTIST NAME: AN SO YUN
COUNTRY: Korea

CURRICULUM VITAE:
Studing the doctral course in Dongduk Women's University
2nd Solo Exhibition and Many Group Exhibitions
Lecturer, Department of Textile Crafts, Dongduk Women's University

ARTWORK TITLE: Geometry   MATERIAL: yarns   SIZE: 45cm×45cm

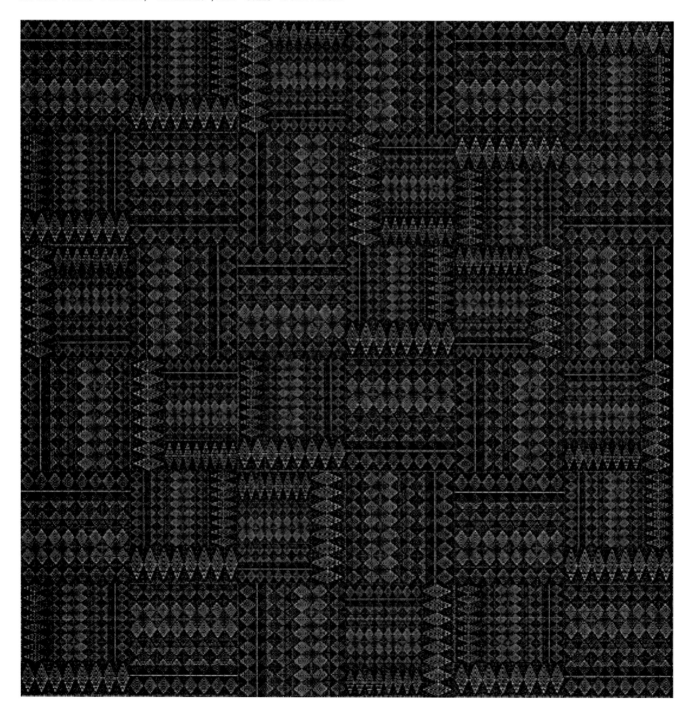

ARTIST NAME: Chang, Young-Ran
COUNTRY: Korea

CURRICULUM VITAE:
B.F.A., M.F.A., College of Fine Art & Design Ewha Woman's University
The 11th of Solo Exhibition & a Number of International and Group Exhibition
2014 From Lausanne to Beijing International Fiber Art Biennale
2013 Cheong Ju International Craft Biennale
2013 Korea Japan Craft Exchange Exposition "Encounter With the beauty"
Present: Professor of the Suwon University

ARTWORK TITLE: The Viger Series "Spring"   MATERIAL: cotton, pigment dye stuffs   SIZE: 50cm×50cm×3.5cm

ARTIST NAME: Cho, Ye Ryung
COUNTRY: Korea

CURRICULUM VITAE:
4 Times Solo Exhibitions and Many Group Exhibitions
Established Designer, Korea Design Exhibition
Lecturer at Dongduk Women's University, Sangmyung University,
Shingu University, Korea National University of Arts

ARTWORK TITLE: Untitled   MATERIAL: fabric   SIZE: 40cm×150cm

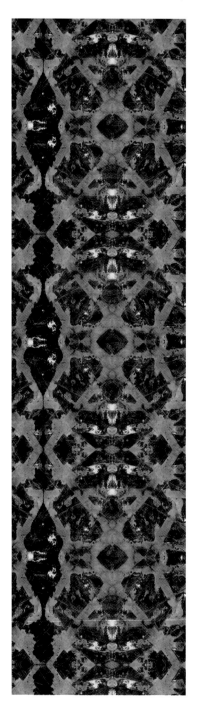

ARTIST NAME: Choo Kyungim
COUNTRY: Korea

CURRICULUM VITAE:
Ph.D., Kyunghee University, Korea
M.A. (Textile Arts), Purdue University, U.S.A.
10 Times Solo Exhibition in France, U.S.A., Taiwan, China and Korea
Participation in Several Group Exhibitions in Asia and U.S.A.
Present: Assistant Professor, Dept. of Life Art & Design, Sanymyung University, Seoul, Korea

ARTWORK TITLE: Moment   MATERIAL: polyester   SIZE: 100cm×200cm

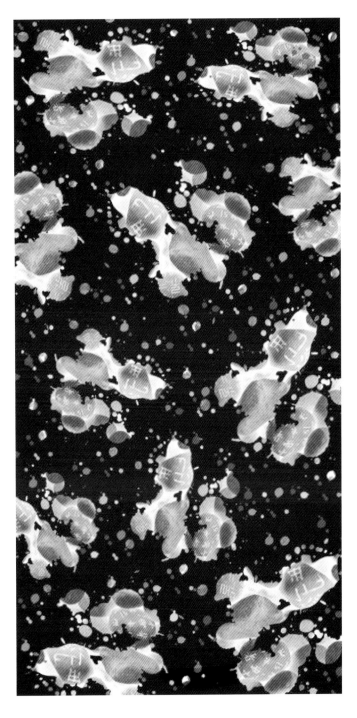

ARTIST NAME: Han Hyesuk
COUNTRY: Korea

CURRICULUM VITAE:
2006-2012   Quilt Group Exhibition
2013   Korean Quilt Artist 120 Exhibition
2013   Yokohama Quilt Exhibition

ARTWORK TITLE: Spring of City   MATERIAL: cotton, linen, silk   SIZE: 134cm×148cm

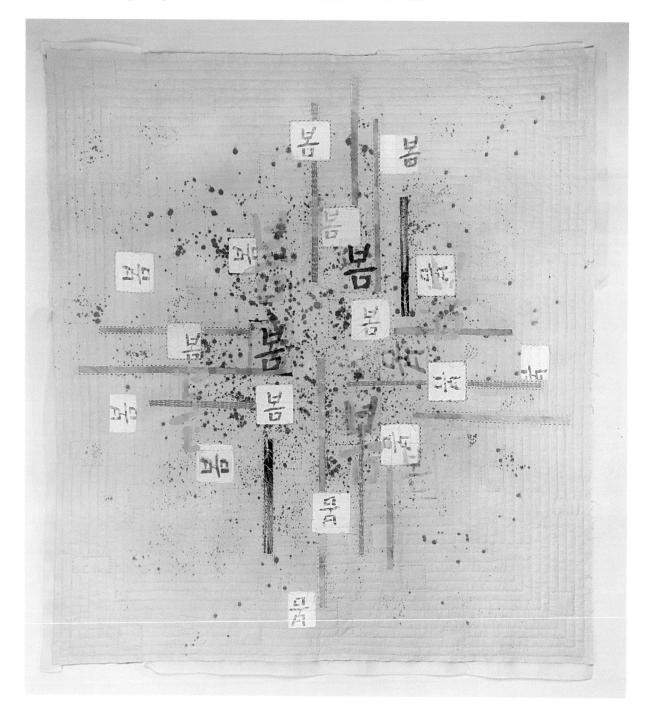

ARTIST NAME: Hong, Kyounga
COUNTRY: Korea

CURRICULUM VITAE:
Ph. D., Department of Curatorial Studies, Graduate School of Dongduk Women's University
M.A., Art Education, Graduate School of Education, Sookmyung Women's University
B.A., Painting, College of Fine Arts, Sookmyung Women's University
Solo Exhibition
2013 Gallery DelPino, Seorak, Korea
2011 Incheon Women Artists' Biennale, Incheon, Korea
2010 Poom Gallery, Seoul, Korea
2009 BUKCHON Art Museum, Korea
2008 Dongduk Gallery, Seoul, Korea
1993 Batangol Gallery, Seoul, Korea

ARTWORK TITLE: Here or There   MATERIAL: acrylic on canvas   SIZE: 142cm×142cm

ARTIST NAME: HONG DONG HEE
COUNTRY: Korea

CURRICULUM VITAE:
M.F.A., DAMA Art University Graduate School, Japan
Patchwork Course, Vogue Institute, Japan
M.F.A., Ewha Womans University, Seoul
B.F.A., Ewha Womans University, Seoul
Solo Exhibition 3th
Present: Lecturer

ARTWORK TITLE: Yo Yo   MATERIAL: non woven fabric, poly organza   SIZE: 100cm×100cm

ARTIST NAME: Jun Changho
COUNTRY: Korea

CURRICULUM VITAE:
Education: Graduated Hongik Graduate School, College of Fine Arts & Crafts, Department of Craft Design (Major of Fiber Arts)
Award: 2010 Minister of Culture, Sports and Tourism Award, Korea
Exhibition Experience (1988-2015): Solo Exhibition (12 Times) & Group Exhibition, International Exhibition, Invited Exhibition (300)
Present: Professor, Living Design Department of Yonginsongdam College

ARTWORK TITLE: Korea—Long Long Ago MATERIAL: polyester SIZE: 110cm×170cm

ARTIST NAME: JUNG WOO YOUNG
COUNTRY: Korea

CURRICULUM VITAE:
M.F.A., Graduate School of Ewha Womans University, Seoul, Korea
B.F.A., Graduate School of Ewha Womans University, Seoul, Korea

ARTWORK TITLE: Illusion   MATERIAL: felt   SIZE: 100cm×100cm

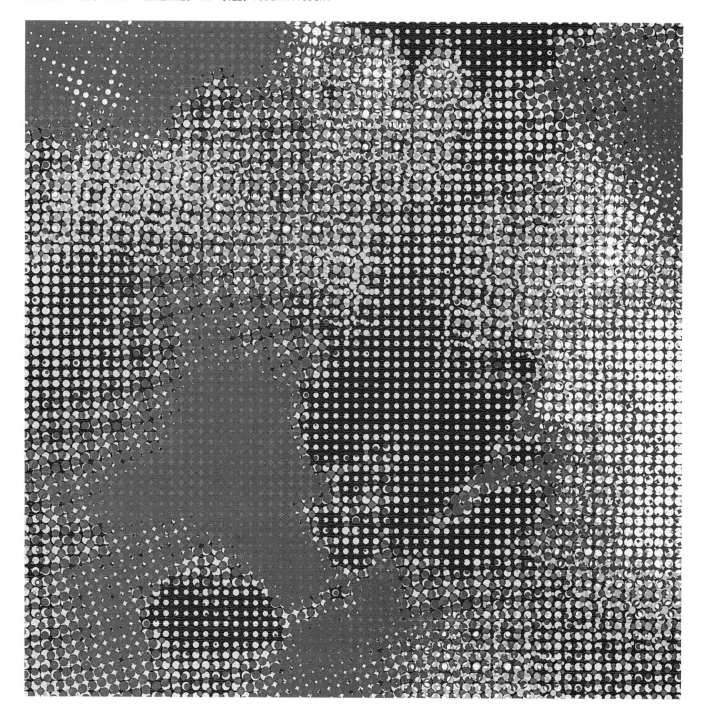

ARTIST NAME: Kim, Jungsik
COUNTRY: Korea

CURRICULUM VITAE:
8 Times Exhibition
130 Times Group Exhibitions
KIAF
New York ArtExpo

ARTWORK TITLE: Sweet Apple   MATERIAL: silk   SIZE: 90cm×90cm

ARTIST NAME: Kwak, Seong-H
COUNTRY: Korea

CURRICULUM VITAE:
Korean textile artist

ARTWORK TITLE: Jewelry Garden   MATERIAL: polyester   SIZE: 100cm×180cm

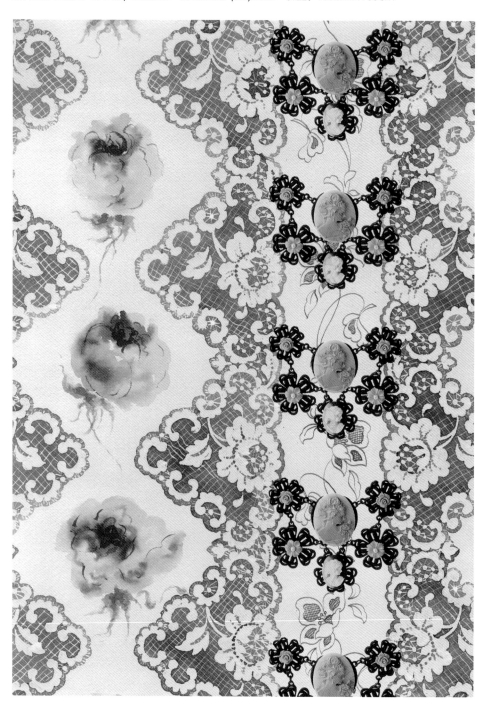

ARTIST NAME: Lee Younghee
COUNTRY: Korea

CURRICULUM VITAE:
M.F.A. Graduated Hongik University, College of Fine Arts & Crafts, Department of Fiber Arts
One Time Solo Exhibition & Participation in Several Group Exhibitions
Present: SUM CRAFT CEO

ARTWORK TITLE: Drawing for Me   MATERIAL: Polyester   SIZE: 21cm×29cm/10ea

ARTIST NAME: Oh Myunghee
COUNTRY: Korea

CURRICULUM VITAE:
16th Sole Exhibition (Korea, Japan, U.S.A., Spain, China)
International Paper Exhibition (Japan)
2nd International Textile Competition (Japan)
8th International Tapestry Triennale (Poland)
Comparaison'98 (France)
Edible Paper (Germany)
L.A. Art Biennale (U.S.A.)
Holland Paper Biennale (Netherland)
Korea International Art Fair (Korea)
Shanghai Art Fair (China)
Art Shanghai (China)
New York Art Expo (U.S.A.)

ARTWORK TITLE: Autumn   MATERIAL: silk   SIZE: 110cm×110cm

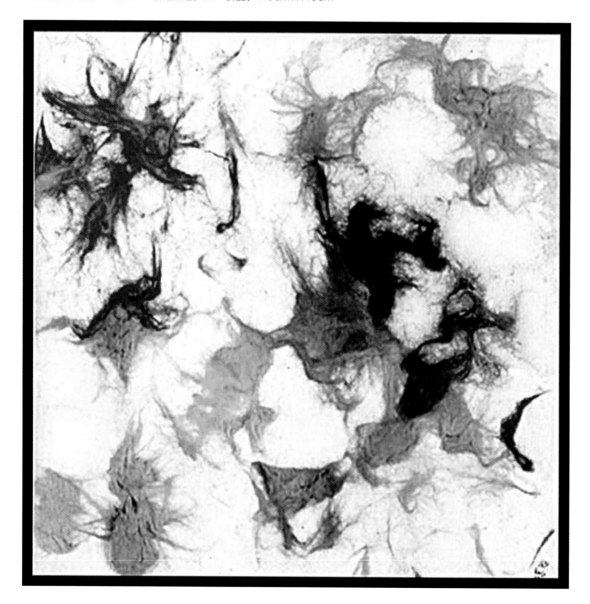

ARTIST NAME: Park, Young Ran
COUNTRY: Korea

CURRICULUM VITAE:
B.F.A. / M.F.A. & Ph.D.(Graduate School of Hong-Ik University)
2013   Gwangju Design Biennale OTC Special Exhibition
2013   "Hansan Ramie Fabric Exhibition" —Hansan Ramie Fabric Festival
2012   "Constancy and Change Korean Craft 2012" —Lotte Gallery Seoul
2009-2014   Korean Culture and Design Council Exhibition
Now Hong-Ik University, and Adjunct Professor of Fiber Art & Fashion Design

ARTWORK TITLE: Red Flower   MATERIAL: silk, polyester, wool   SIZE: 55cm×180cm

ARTIST NAME: RYU, KUM-HEE
COUNTRY: Korea

CURRICULUM VITAE:
B.F.A./M.F.A. & Ph.D. (Graduate School of Hong-Ik University)
Solo Exhibitions : 11 Times (Korea-Seoul, France-Paris, Istanbul-Turkey)
Participated in 390 Times Invitation & Group Exhibitions Home and Abroad (Poland-Lodz. France-Paris, Alsace. Russia-Moscow. Belgium-Brussels. Japan-Tokyu, Osaka, 今立, 船橋. U.S.A.-LA, New York, S.F. Austria-Vienna, Insburg. New Zealand-Auckland. China-Beijing, Shanghai. Greece-Athens)
1st, 2nd, 5th Invitation Exhibition for Cheongju International Craft Art Biennale
Present, Professor of Gangdong University

ARTWORK TITLE: Motif with Korean Saekdong Color   MATERIAL: digital textile printing   SIZE: 120cm×120cm

ARTIST NAME: Ryu Myungsook
COUNTRY: Korea

CURRICULUM VITAE:
M.F.A., Graduate School of Ehwa Woman's University, Seoul
Ph.D. Candidate in Graduate School of Design Management Chosun University
2012   International Plant Dyeing Art Exhibition & Conference
2013   International Weaving Art Exhibition & Conference
Adjunct Professor, Traditional Costume, Baewha Women's University, Seoul

ARTWORK TITLE: Into the Woods   MATERIAL: silk, collar foil textile   SIZE: 25cm×55cm/2ea

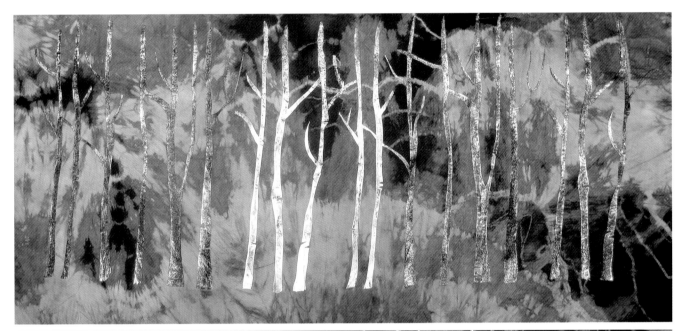

姓名：陈立
国籍：中国

简历：
毕业于中央工艺美术学院染织美术系，一直担任一线教学工作，创建清华大学美术学院织绣工艺实验室，并主持织绣工艺实验教学，发表多篇专业论文及著作，作品多次参展，曾任清华大学美术学院副教授，担任硕士生导师。

作品名称：《应时、时尚包类》　材料：棉布　尺寸：20cm×25cm、25cm×30cm

姓名：焦宝娥
国籍：中国

简历：
1978年元月-1982年元月　就读中央工艺美术学院获学士学位
1991年元月-1994年元月　就读中央工艺美术学院获硕士学位
2004年10月-2005年10月　在日本文化女子大学作为访问学者研究学习
1994年至今　在清华大学美术学院工作，任清华大学美术学院副教授

作品名称：《方巾》　材料：丝绸　尺寸：56cm×56cm

姓名：李薇
国籍：中国

简历：
清华大学美术学院教授、博士生导师、留法访问学者。李薇在从事服装艺术设计教育的同时一直坚持服装设计与艺术创作，并潜心于学术研究。自1995年至今，在意大利及法国巴黎、中国广州等地举办了五次运用不同表达媒介的个人艺术展，在全世界范围内的法国、德国、意大利、哥伦比亚、西班牙、俄罗斯、荷兰、韩国、蒙古国，以及中国香港、澳门、中国国家博物馆、中国科技馆、中国美术馆、奥加美术馆、中国丝绸博物馆等参与多次围绕新艺术形态及艺术设计主题的群展。

作品名称：《悠》　材料：丝、绡缎　尺寸：150cm×70cm

姓名：王晶晶
国籍：中国

简历：

清华大学美术学院艺术学硕士学位毕业。作品多次参加国内、外展览，如"第十二届全国美术作品展览"艺术设计展，"世界生态纤维艺术展"、"持续之道——国际可持续设计作品展"、"第二届亚洲纤维艺术展"、"第十届亚洲纤维艺术展"等。

作品名称：《游离》　　材料：真丝　尺寸：80cm×120cm

姓名：张红娟
国籍：中国

简历：
博士，清华大学美术学院染织服装艺术设计系教师。纤维艺术作品曾多次参加国内、外展览，设计作品多次在国内、外专业大赛中获奖，发表论文十余篇。主要研究方向：中国室内纺织文化、传统染织工艺及设计研究。

作品名称：《冥》　材料：真丝、植物染料　尺寸：110cm×110cm

姓名：臧迎春（左）、詹凯（右）
国籍：中国

简历：
臧迎春，清华大学美术学院副教授，英国布莱顿大学荣誉研究教授，英国东伦敦大学建筑与视觉艺术学院国际研究教授。
詹凯，毕业于清华大学美术学院，北京服装学院艺术设计学院教授，英国伯明翰城市大学博士导师。绘画及设计作品先后在德国、英国、捷克、俄罗斯、韩国等地展出并被收藏。

作品名称：《书音》　材料：真丝　尺寸：90cm×90cm

姓名：龚雪鸥
国籍：中国

简历：
作品《古风》入选"第七届亚洲纤维艺术展"；作品《彩虹糖的梦》入选"2012年国际植物染艺术展"；作品《玄》入选"2013年国际纹织艺术展"。论文多次获得个人优秀奖。

作品名称：《北京印象》　**材料**：羊毛　**尺寸**：35cm×50cm

姓名：霍康、吴越齐
国籍：中国

简历：

霍康，广州美术学院副教授，硕士研究生导师，工业设计学院副院长。1989年毕业于苏州大学（原苏州丝绸工学院）工艺美术系染织艺术设计专业，2003年获武汉理工大学设计艺术学院工业设计工程硕士。
吴越齐，广州美术学院讲师，工业设计学院纤维艺术设计工作室专业教师。2005年毕业于清华大学美术学院染织专业，2009年获清华大学美术学院设计学硕士学位。

作品名称：《晨》　材料：真丝绡、真丝线　尺寸：200cm×200cm

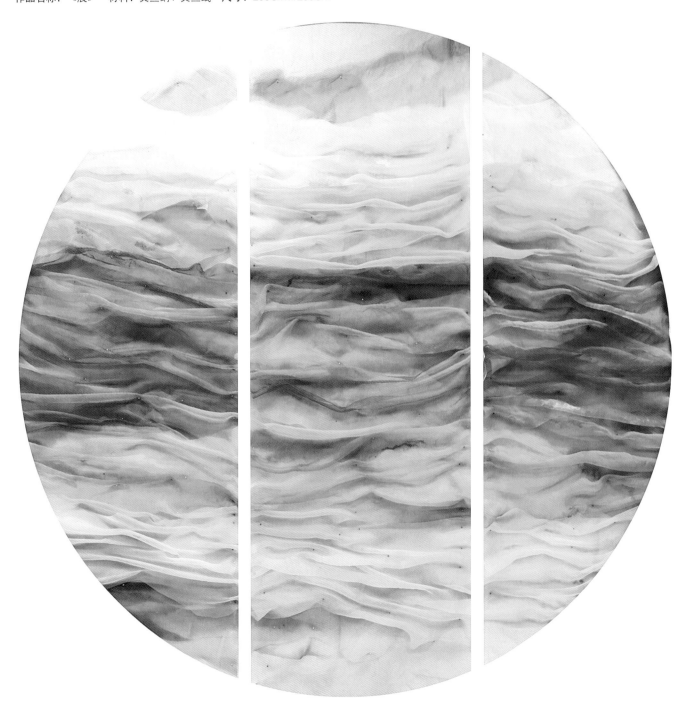

姓名：贾玺增
国籍：中国

简历：
博士，清华大学美术学院染织服装艺术设计系教师，中国博物馆协会服装专业委员理事，河北澳维纺织羊绒设计与研发中心艺术总监。

作品名称：《墨之花》　　材料：羊绒　　尺寸：H150cm

ARTIST NAME: Laura Merz
COUNTRY: Finland

CURRICULUM VITAE:
Laura Merz is a Finnish artist and textile designer. She focuses on drawing, illustration and pattern design. Her works have been exhibited in Finland, Germany and France. Laura's art practice is informed by modern abstract art, the language of graphic design and the originality of outsider art. Her works are a mixture of minimalism and maximalism; an eclectic assembly of simplified lines and forms and an abundance of colors and textures. Fascinated by nature and wildlife, animals are a common theme in Laura's works. Laura views her work practice as an endless quest for more intuitive characters and compositions.

ARTWORK TITLE: Animal Encounters   MATERIAL: cotton and silk fabric   SIZE: 60cm×120cm

ARTIST NAME: Reeta Ek
COUNTRY: Finland

CURRICULUM VITAE:
Reeta Ek (1979) is a M.A. student from Aalto University, School of Art, Design and Architecture. From year 2011 she has been working as a freelance print-designer, mainly for Marimekko Co, designing textile prints for women's wear, home and children. In her works she aims to combine artistic expression with industrially produced fabrics and products. She is working also as an artist, and has participated in exhibitions in Finland.

ARTWORK TITLE: Rambutan   MATERIAL: cotton   SIZE: dress or scarf

姓名：石历丽
国籍：中国

简历：
硕士，西安美术学院服装系副主任、副教授，中国服装设计师协会学术委员会委员，陕西省服装行业协会专家委员会委员。

作品名称：《蝶恋花》　材料：丝绸　尺寸：110cm×110cm

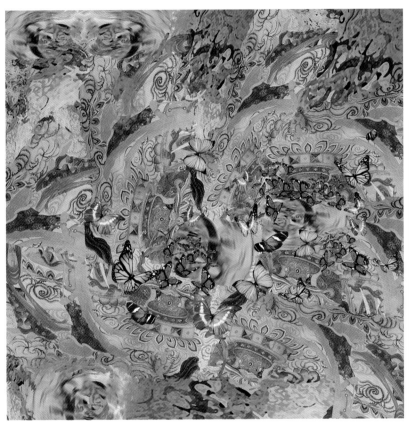

ARTIST NAME: Vilma Pellinen
COUNTRY: Finland

CURRICULUM VITAE:
Vilma Pellinen is a freelance designer based in Helsinki, Finland. She works with printed and woven surfaces as well as illustrations. She is excited about life itself, and especially the interesting, beautiful and unexpected things it has to offer. Vilma loves playing with diverse materials and techniques and creating surfaces that have a story to tell.
Vilma is currently finishing her Master of Arts studies in Aalto University School of Arts, Design and Architecture.

ARTWORK TITLE: Piilossa-Polku-Lumo (eng. Hiding-Path-Charm)　　MATERIAL: printed fabric
SIZE: Piilossa: 60cm×135cm, Polku: 60cm×45cm, Lumo: 60cm×45cm (images)

姓名：王霞
国籍：中国

简历：
2015年1月毕业于清华大学美术学院，获博士学位，现为苏州大学艺术学院教师。

作品名称：《年轮》　材料：丝绸　尺寸：80cm×150cm

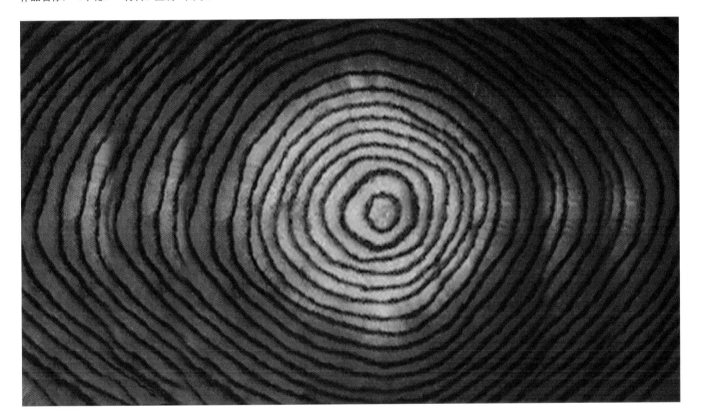

姓名：范思维
国籍：中国

简历：
西安美术学院2013级学术研究生在读，本科毕业于西安美术学院服装系，毕业作品曾获一等奖并参展"千里之行——中国重点美术院校优秀毕业生作品展"，2014年论文《"踏朵轻云"套装设计中造型与纹饰的统一》发表曾在《西北美术》第三期（季刊）。

作品名称：《和·花》　材料：重磅真丝面料　尺寸：581mm×844mm

姓名：呼啸
国籍：中国

简历：
1991年5月15日出生，汉族，陕西清涧人。2013年毕业于西安美术学院服装系获得本科学士学位，现就读于西安美术学院服装系2014级专业研究生。

作品名称：《民风灰动》　　材料：棉布，亚克力钻，塑料珠　　尺寸：74cm×43cm

姓名：罗楠
国籍：中国

简历：
2009-2013年　就读于清华大学美术学院染织艺术设计专业并获学士学位
2013年至今　清华大学美术学院染织艺术设计硕士研究生在读

作品名称：《老北京招幌丝巾》　材料：丝　尺寸：90cm×90cm

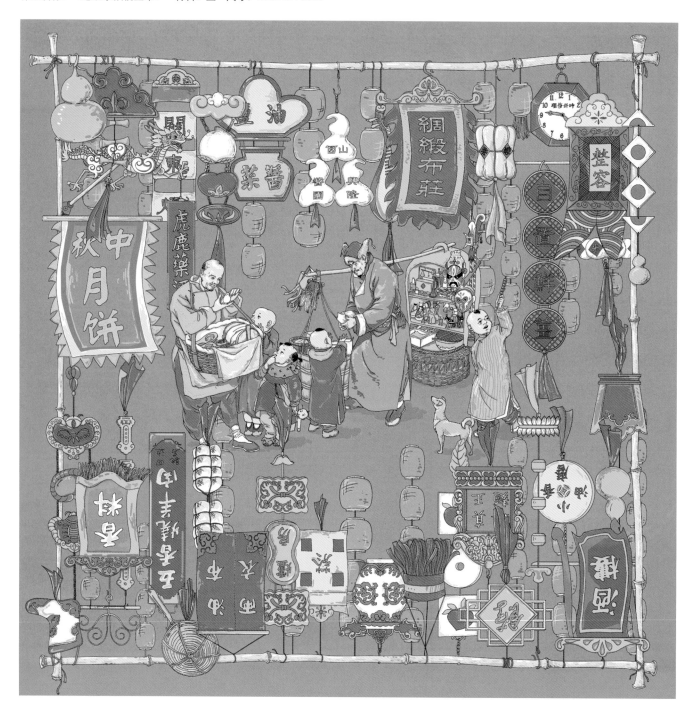

姓名：钮锟
国籍：中国

简历：
西安美术学院服装设计专业硕士在读，曾获西安美术学院优秀学生作品一等奖，作品《扇语霓裳》被西安美术学院收藏。

作品名称：《艺蕴嫣红》　　材料：真丝绡、麻　　尺寸：胸围84cm、腰围62cm、臀围86cm

姓名：钱茵
国籍：中国

简历：
2009年考入西安美术学院服装系，2013年保送西安美术学院服装系张莉教授专业型研究生。2012年"第十二届全国纺织品设计大赛"参赛作品在清华大学美术学院展出；2012年作品《春华秋实》入选《中国大学生美术作品年鉴》；2013年作品参展"西安美术学院时空留痕毕业展"并获二等奖。

作品名称：《樱韵》　材料：白胚布　尺寸：60cm×80cm

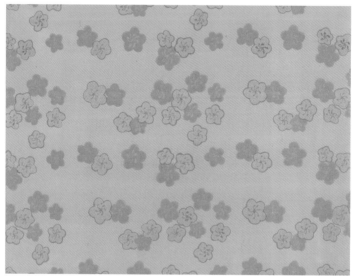

姓名：王超斐
国籍：中国

简历：

1991出生，党员，2014年毕业于西安美术学院本科，同年保送西安美术学院攻读硕士研究生。性格开朗，热爱生活，做事认真。2014年荣获时空留痕·西安美术学院2014本科毕业生作品展一等奖；2014年作品入选千里之行——中央美术学院2014届毕业生优秀作品展；2014年荣获中国服装第十九届新人奖优秀奖；2011年荣获西安美术学院年度校园文化先进个人。

作品名称：《Surreal World》　　材料：欧根纱、空气层　　尺寸：胸围90cm、腰围60cm、臀围90cm

姓名：王一崝
国籍：中国

简历：
2008年考入西安美术学院服装系，2012年保送本院研究生，现读三年级。获古筝九级等级证书。2011年入围陕西延长石油职业装大赛，2012年获毕业设计一等奖，连续两年入围研究生学术月论文及作品。

作品名称：《韵染》　材料：真丝纱罗网、染料　尺寸：高180cm

姓名：杨薇
国籍：中国

简历：
2012年获得本科毕业设计作品展金奖并入选中国重点院校系列教材《服装设计》；2013年作品入选《纺织艺术设计 2013年第十三届全国纺织品设计大赛暨国际理论研讨会 2013年国际纺织艺术设计大展——传承与创新 纺织作品集》；2014年论文发表于《纺织艺术设计 2014年第十四届全国纺织品设计大赛暨国际理论研讨会 2014年国际刺绣艺术设计大展——传承与创新 论文集》；现西安美术学院服装设计专业研究生在读。

作品名称：《塬上人家》　材料：麻、棉线、染料、铜扣　尺寸：胸围84cm、腰围62cm、臀围86cm

姓名：张笛清
国籍：中国

简历：

硕士研究生（导师：吕春祥教授）。生于1991年，西安人。2013年毕业于西安美术学院服装系纺织品设计专业，并于同年进入西安美术学院服装系攻读硕士学位至今。其间参与导师国家级研究课题与省级研究课题各一项。2013年发表论文《现代家居配饰设计中的自然元素》于《西安美术学院第三届研究生学术论文集》；2014年作品《二次元定制》入选第四届"艺术的张力"西安美术学院研究生学术月并作为现场个案参与展览。

作品名称：《俑》　材料：丝　尺寸：60cm×60cm

姓名：朱琼
国籍：中国

简历：
硕士研究生（导师：梁曾华副教授）。陕西西安人，2013年毕业于西安美术学院服装系服装设计专业，并于同年进入西安美术学院服装系攻读硕士学位至今。2014年作品"梦回紫禁城"入围第十届"中国领带名城杯"全国丝品花型设计大赛，获得优秀奖；2014年作品《二次元定制》入选第四届"艺术的张力"西安美术学院研究生学术月并作为现场个案参与展览。

作品名称：《诗韵》《星空》　材料：棉布　尺寸：180cm×210cm、200cm×270cm

姓名：朱紫羲
国籍：中国

简历：
西安美术学院服装设计专业硕士在读

作品名称：《舞动的印花》　　材料：棉布　尺寸：60cm×100cm

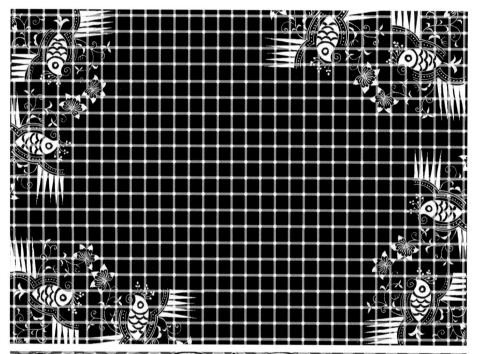

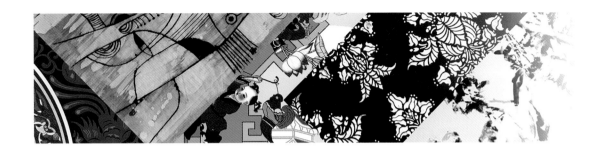

民间印花作品
Folk Printing Works

采蓝文化

清代绿地彩色印花丝绸被面　北京采蓝文化投资咨询有限公司　中国中华文化促进会织染绣艺术中心　张琴提供

清末民初紫地印花丝绸马面裙　北京采蓝文化投资咨询有限公司　中国中华文化促进会织染绣艺术中心　张琴提供

民国白地印花棉布包袱单　北京采蓝文化投资咨询有限公司　中国中华文化促进会织染绣艺术中心　张琴提供

民国黄地印花棉布包袱单　北京采蓝文化投资咨询有限公司　中国中华文化促进会织染绣艺术中心　张琴提供

民国戏剧人物蓝夹缬棉布被面　北京采蓝文化投资咨询有限公司　中国中华文化促进会织染绣艺术中心　张琴提供

印尼模具印制蜡染（1）　名称：Lancur　地点：Kalipucang, Batang　时间：2010年

印尼模具印制蜡染（2） 名称：Kawung 地点：Pekalongan 时间：1998年

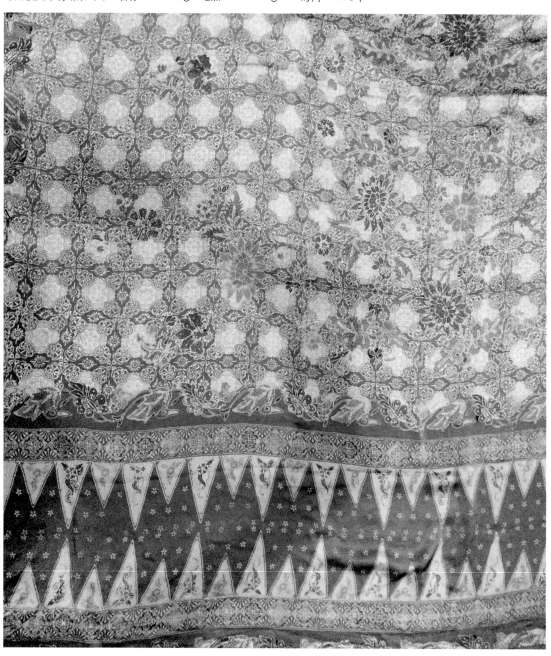

印尼模具印制蜡染(3)　名称：Sidomukti　地点：Pekalongan　时间：1987年

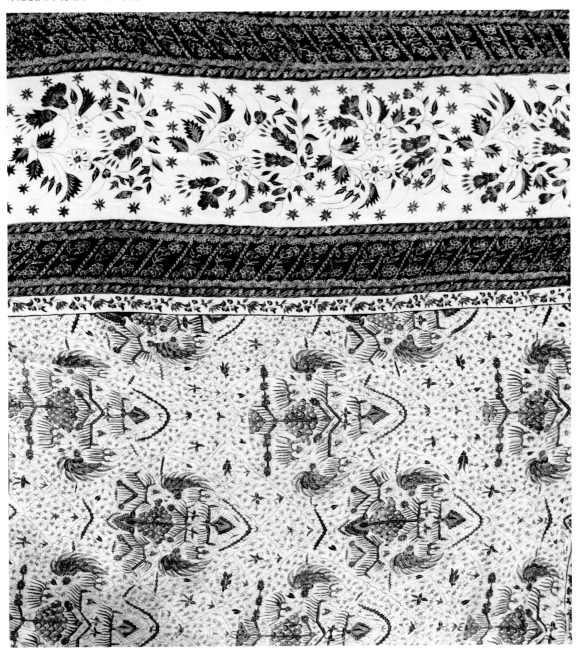

历年大赛回顾

2001年第一届全国纺织品设计大赛暨理论研讨会
宣传稿

宣传口号：

21世纪是科学的世纪，纺织品进入网络数码时代。

21世纪是文化的世纪，纺织品进入精神消费时代。

21世纪是美育的世纪，纺织品进入设计教育时代。

大赛宗旨：

为了迎接我国加入WTO，促进我国纺织业的发展，尽快缩短我国纺织业与国际间的差距，调动激发我国广大纺织爱好者、设计者的设计热情，为他们提供创造设计的舞台和展现社会价值的机会，在清华大学美术学院的倡导下，联合全国多所高等艺术院校共同携手举办2001年全国纺织品设计大赛暨理论研讨会。希望通过此次大赛，能够加快我国纺织业的发展，增进纺织设计者间的艺术交流，促进高等艺术院校纺织专业的沟通，掀起我国纺织品花样设计的高潮，用我们的热情与实际行动为中华纺织业的振兴与腾飞，为确立中国纺织艺术设计师在世界的地位尽心尽力。

本大赛将定期举办，欢迎有志之士踊跃参加。

全国纺织品设计大赛暨理论研讨会组委会

清华大学美术学院染织服装艺术设计系

2000年11月

2003年大赛开幕式

2004年大赛开幕式

2005年大赛开幕式

2009年大赛开幕式

2010年大赛开幕式

2011年大赛开幕式

2012年大赛开幕式

2013年大赛开幕式

2011年大赛活动现场（1）

2011年大赛活动现场（2）

2011年大赛活动现场（3）

2011年大赛活动现场（4）

2011年大赛活动现场（5）

2012年大赛活动现场（1）

2012年大赛活动现场（2）

2012年大赛活动现场（3）

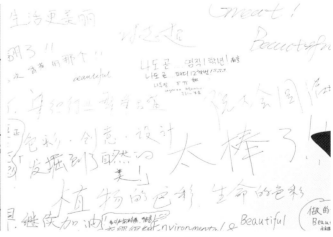

2013年大赛活动签名墙

纺织艺术设计
TEXTILE DESIGN

2015年第十五届全国纺织品设计大赛暨国际理论研讨会
15TH CHINA TEXTILE DESIGN COMPETITION & INTERNATIONAL CONFERENCE 2015

2015年国际印花艺术设计大展——传承与创新
INTERNATIONAL PRINTING ART EXHIBITION—INHERITANCE & INNOVATION 2015

国际印花作品集
WORKS COLLECTION OF INTERNATIONAL PRINTING

主办单位： 清华大学艺术与科学研究中心

联合举办： 中国家用纺织品行业协会
中国纺织服装教育学会
中国流行色协会
中国工艺美术协会
清华大学美术学院

承办单位： 清华大学美术学院染织服装艺术设计系

组委会： 全国纺织品设计大赛暨国际理论研讨会组委会成员（按姓氏笔画排序）
王　利　天津美术学院　教授
王庆珍　鲁迅美术学院　教授
田　青　清华大学美术学院　教授
朱尽晖　西安美术学院　教授
朱医乐　天津美术学院　副教授
李加林　浙江理工大学　教授
吴海燕　中国美术学院　教授
吴一源　鲁迅美术学院　副教授
余　强　四川美术学院　教授
张　莉　西安美术学院　教授
张　毅　江南大学纺织服装学院　副教授
张宝华　清华大学美术学院　副教授
张树新　清华大学美术学院　副教授
陈　立　清华大学美术学院　副教授
庞　绮　北京服装学院　教授
郑晓红　中国人民大学　副教授
秦岱华　清华大学美术学院　副教授
贾京生　清华大学美术学院　教授
龚建培　南京艺术学院　教授
霍　康　广州美术学院　教授

赞助单位:

清华大学开云（Kering）艺术教育基金
中国建筑工业出版社
山东如意科技集团有限公司
中华文化促进会织染绣艺术中心
福州迪捷特数码科技有限公司

参展单位:

芬兰Aalto University	浙江理工大学
芬兰MARIMEKKO CORPORATION	北京服装学院
日本东京艺术大学	中国人民大学艺术学院
韩国淑明女子大学	江南大学纺织服装学院
韩国梨花女子大学	南通大学艺术学院
韩国同德女子大学	山东工艺美术学院
韩国培花女子大学	青岛大学美术学院
韩国弘益大学	苏州大学艺术学院
韩国龙仁松潭大学	北京工业大学
韩国祥明大学	中国防卫科技学院
韩国江东大学	海南大学艺术学院
韩国水原大学	长治学院
韩国国立艺术学院	山东轻工职业学院
韩国和工艺	哈尔滨理工大学
印度尼西亚INSTITUT TEKNOLOGI BANDUNG	广西师范大学
清华大学美术学院	文化部恭王府管理中心
清华大学深圳研究生院	湖南工艺美术职业学院
中国美术学院	河南工程学院
鲁迅美术学院	北京采蓝文化投资咨询有限公司
广州美术学院	洛阳雀金绣文化创意有限公司
南京艺术学院	
西安美术学院	（排名不分先后）
天津美术学院	

学术交流与展览时间：

国际理论研讨会：2015年4月13日下午1：30—5：00
国际印花艺术展：2015年4月13日—4月21日
第十五届全国纺织品设计作品展：2015年4月13日—4月21日

地　　点： 清华大学美术学院美术馆

顾　　问： 田　青

策　　划： 张宝华

策　　展： 杨冬江

标识设计： 田旭桐

清华大学艺术与科学研究中心
2015年全国纺织品设计大赛暨国际理论研讨会组委会
中国家用纺织品行业协会
中国纺织服装教育学会
中国工艺美术协会
中国流行色协会
清华大学美术学院染织服装艺术设计系
2015年4月